Julian Bischof

Modellierung von Solar-Luft-Kollektoren

GRIN Verlag

Bibliografische Information der Deutschen Nationalbibliothek:

Die Deutsche Bibliothek verzeichnet diese Publikation in der Deutschen Nationalbibliografie; detaillierte bibliografische Daten sind im Internet über http://dnb.d-nb.de/ abrufbar.

Impressum:

Druck und Bindung: Books on Demand GmbH, Norderstedt Germany
ISBN: 978-3-656-47957-4

Dieses Buch bei GRIN:

http://www.grin.com/de/e-book/231278/modellierung-von-solar-luft-kollektoren

FACHHOCHSCHULE NORDHAUSEN
University of Applied Sciences

Fachbereich Ingenieurwissenschaften
Studiengang Regenerative Energietechnik

Julian Bischof

Modellierung von Solar-Luft-Kollektoren

Studienarbeit
im Fach Solarthermie

Nordhausen, den 22. Juli 2013

Julian Bischof

Abstrakt

Diese Arbeit beschäftigt sich mit der Modellierung von Solar-Luft-Kollektoren. Grundlegend werden die verschiedenen Bauformen charakterisiert. Dem folgen die Grundlagen zur Modellierung und Basismodellkonfigurationen bei Luft-Kollektoren. Ziel dieser Arbeit ist das allgemeine Vorgehen der Modellbildung aufzuzeigen und an dem konkreten Beispiel eines Luft-Kollektors mit einer Glasabdeckung und unterströmtem Absorber durchzuführen.

Vorwort

Diese Arbeit entstand im Rahmen des Sonderprogramms "Wissenschaftliche Arbeiten und Vorträge" im 5. Fachsemester des Studiengangs Regenerative Energietechnik der FH-Nordhausen.

Danksagung

Für die fachliche Unterstützung und die Starthilfe danke ich Christian Welz vom Fraunhofer-Institut für Solare Energiesysteme.

Für die Unterstützung im wissenschaftlichen Arbeiten danke ich Lisa Lopes Martins Pereira.

(Stand: 22. Juli 2013)

Inhaltsverzeichnis

Symbolverzeichnis

A_c	Kollektorfläche, m^2
A_f	Durchflossene Fläche, m^2
b	Direktstrahlung
C	$= 520(1 - 0,000051\beta^2)$ für $0° < \beta < 70°$. Für $70° < \beta < 90°$ nehme $\beta = 70°$
C_p	Spezifische Wärmekapazität, $\frac{kJ}{kgK}$
d	Diffusstrahlung
d_c	Höhe des Kollektors, m
d_i	Dicke der Isolationsschicht, m
D_h	Durchflussdurchmesser, m
e	$= 0,430(1 - \frac{100}{T_{pm}})$
f	$= (1 + 0,089h_w - 0,1166h_w\varepsilon_p)(1 + 0,07866N)$
F_R	Wärmeentzugsfaktor
F'	Kollektorwirkungsgradfaktor
F''	Kollektor Fluss Faktor
g	Am Boden reflektierte Strahlung
G_t	Globalstrahlung bei senkrechtem auftreffen, $\frac{W}{m^2}$
h	Wärmeübergangskoeffizient
h_{baa}	Konvektionskoeffizient zwischen Bodenplatte (Außen) und Umgebung, $\frac{W}{m^2K}$
h_{bba}	Konduktionskoeffizient durch die Bodenplatte, $\frac{W}{m^2K}$
h_{ca}	Konvektionskoeffizient zwischen Abdeckung und Umgebung, $\frac{W}{m^2K}$
h_r	Strahlungskoeffizient zwischen Absorber und Bodenplatte, $\frac{W}{m^2K}$
h_{rbaa}	Strahlungskoeffizient zwischen Bodenplatte (Außen) und Umgebung, $\frac{W}{m^2K}$
h_{rca}	Strahlungskoeffizient zwischen Abdeckung und Umgebung, $\frac{W}{m^2K}$
h_{rpc}	Strahlungskoeffizient zwischen Abdeckung und Absorber, $\frac{W}{m^2K}$
h_{pc}	Konvektionskoeffizient zwischen Abdeckung und Absorber, $\frac{W}{m^2K}$
h_1	Konvektionskoeffizient vom Absorber zum Fluid, $\frac{W}{m^2K}$
h_2	Konvektionskoeffizient von der Bodenplatte zum Fluid, $\frac{W}{m^2K}$
h_w	Wind Wärmeübergangskoeffizient, $\frac{W}{m^2K}$
I	Einstrahlung, $\frac{W}{m^2}$
k	Thermische Konduktivität, $\frac{W}{mK}$

L	Länge des Kollektors, m
L_H	Quadratwurzel des Gehäusevolumens, m
L_p	Umfangslänge des Kollektors, m
$\dot{m}$	Massenstrom, $\frac{kg}{s}$
n	Anzahl der Reflexionsschritte
N	Anzahl der Glassabdeckungen
N_u	Nusselt Zahl
Q_u	Nutzbare Energie bezogen auf die Fläche, $\frac{W}{m^2}$
R_b	Anteil der direkt Einstrahlung auf der Abdeckung bezogen auf die Horizontale
R_e	Reynoldszahl
S	Absorpierte Solarstrahlung am Absorber bezogen auf die Fläche, $\frac{W}{m^2}$
T_a	Umgebungstemperatur, K
T_b	Temperatur der Bodenplatte, K
T_{ba}	Temperatur der Bodenplatte an der Außenseite, K
T_f	Fluidtemperatur, K
T_{fi}	Lufttemperatur am Kollektoreintritt, K
T_{fm}	Mittlere Lufttemperatur, K
T_{fo}	Fluid Auslasstemperatur, $°C$
T_p	Absorbertemperatur, K
T_{pm}	Mittlere Absorbertemperatur, K
U_b	Koeffizient für die Rückseitigen Wärmeverluste, $\frac{W}{m^2K}$
U_e	Seitenwärmeverlustkoeffizient, $\frac{W}{m^2K}$
U_L	Gesamtwärmeverlust, $\frac{W}{m^2K}$
U_t	Koeffizient für die Frontseitigen Wärmeverluste, $\frac{W}{m^2K}$
V	Windgeschwindigkeit, $\frac{m}{s}$
x	Laufender Parameter entlang des Kollektors
$(UA)_{edge}$	Seitlicher Wärmeverlustkoeffizient $*$ Fläche, $\frac{W}{K}$

α	Absorptionskoeffizient
β	Kollektorneigung in Grad
ε_g	Emmisionskoeffizient von Glass
ε_p	Emmisionskoeffizient vom Absorber
ε_1	Emmissionskoeffizient von Glass
ε_2	Emmissionskoeffizient vom Absorber
η	Wirkungsgrad
λ	Wärmeleitfähigkeit der Isolierung, $\frac{W}{mK}$
μ	Dynamische Viskosität, $\frac{kg}{sm}$
ρ_d	Diffuse Reflexion
ρ_g	Bodenreflexion
σ	Stefan Boltzmann Konstante, $\frac{W}{m^2K^4}$
τ	Transmissionskoeffizient
$(\tau\alpha)$	Transmissions-Absorptions Produkt

Abbildungsverzeichnis

Kapitel 1

Einleitung

Solar-Luft-Kollektoren sind solarthermische Kollektoren, welche anstelle einer Flüssigkeit zur Wärmeübertragung das Medium Luft benutzen. Dabei ist zu beachten, dass Luft im Vergleich zu Wasser, welches bei Solarkollektoren mit flüssigem Übertägermedium als Hauptbestandteil eingesetzt wird, eine viel geringere Wärmekapazität, Wärmeleitfähigkeit und Dichte aufweist [1]. Darum muss bei der Auslegung und Modellierung auch auf andere Parameter geachtet werden. Beispielsweise ist der Kollektorwirkungsgrad sehr stark von dem durch den Kollektor fließenden Massenstrom $\dot{m}$ abhängig, da sich der Massenstrom auf die Wärmeübertragung und auf den Druckverlust auswirkt [2, 6]. Zusätzlich kann auch die Leckage (Luftundichtheit) von Luft-Kollektoren ein wichtiger Faktor für die Modellierung sein, da sie sich durch die entstehenden Wärmeverluste auf den Wirkungsgrad negativ auswirkt [6, 3]. Die Leckage wird von Herstellern in Kauf genommen, um durch Materialeinsparungen preiswerte Geräte bauen zu können [3]. Vorteilhaft am Medium Luft ist, dass sie im Temperaturbereich, in dem Luft-Kollektoren betrieben werden, weder siedet noch gefriert. Das spiegelt sich in dem relativ einfachen Aufbau ohne spezielle Frostschutz-, Überhitzungs- und Überdruckmaßnahmen wieder. Ergänzend ist anzumerken, dass Luft im Vergleich zu Flüssigkeiten erheblich weniger stark korrosiv wirkt, was sich positiv auf die Lebensdauer auswirkt. Die geringe Wärmekapazität lässt das Gas zudem schnell erwärmen. Dies führt auch bei Bewölkungund kalter Witterung zu einer Temperaturerhöhung [1]. Da beim Einsatz von Solar-Luft-Kollektoren zum Heizen von Gebäuden oder zum Trocknen von landwirtschaftlichen Produkten schon eine geringe positive Temperaturdiffernz ausreicht, kann ein solares Luftheizsystem bereits bei kaltem Wetter und diffuser Einstrahlung effektiv funktionieren.

Um Luft-Kollektoren ausreichend bewerten und vergleichen zu können ist es wichtig, aussagekräftige Modelle zu erstellen [2]. Diese Modellierung ist im Vergleich zu flüssigkeitsdurchströmten Absorber aufwendiger, da die Massenstromabhänigkeit, die Leckage sowie der Einfluss des Druckverlusts mit einzubeziehen sind [5].

Ziel der Arbeit ist es deswegen, einen grundlegenden Überblick über Solar-Luft-Kollektoren zu geben und aufzuzeigen, welche Modellarten bei der Modellierung dieser Kollektoren zur Verwendung kommen. Zusätzlich soll das Vorgehen bei einer solchen Modellierung im Allgemeinen und Speziellen an einem konkreten Beispiel aufgezeigt werden.

Die Grundlagen zu Solar-Luft-Kollektorn werden in Abschnitt 2.1 dargestellt. Neben den verschiedenen Bauformen werden hier die Unterscheidungsmerkmale wie Aufbau, Umströmung und Beschichtung des Absorbers sowie die verschiedenen Kollektor-Abdeckungen vorgestellt. Im Unterpunkt Kollektor-Abdeckungen (2.1.4) ist weiterhin vermerkt, welche Autoren die jeweiligen Kollektoren modellierten. Nachdem die Bauarten untergliedert wurden, werden die Begriffe "Modell" und "Modellierung" nach Diran Basmadjian [27] definiert. Nachfolgend wird vermittelt, welche Entscheidungen vor einer Modellierung getroffen werden müssen, um einen idealen Komplexibilitätsgrad zu erreichen. Im Anschluss beschäftigt sich das Unterkapitel Modellarten (2.2.3) mit den drei wichtigsten Möglichkeiten der Luft-Kollektor Modellierung. Unter Gliederungspunkt 3 wird die Allgemeine Vorgehensweise der Modellbildung aufgezeigt und anschließend am Beispiel eines Solar-Luft-Kollektors mit einer transparenten Abdeckung, sowie unterströmten Absorber verdeutlicht. Abschließend wird der Inhalt der Arbeit zusammengefasst und ein Ausblick über ein mögliches weiters Vorgehen bei einer ausführlichen Simulation gegeben.

Kapitel 2

Grundlagen

2.1 Solar-Luft-Kollektoren im Überblick

Solar-Luft-Kollektoren werden nach der Art der Kollektorabdeckung, Absorberumströmung, Absorberbeschichtung und des Absorberaufbaus unterscheiden [1].

2.1.1 Arten von Absorberumströmungen

Es gibt vier unterschiedliche Arten der Umströmung des Absorbers [1], welche unter 2.1.2 besprochen werden:

- Überströmter Absorber
- Unterströmter Absorber
- Umströmter Absorber
- Durchströmter Absorber

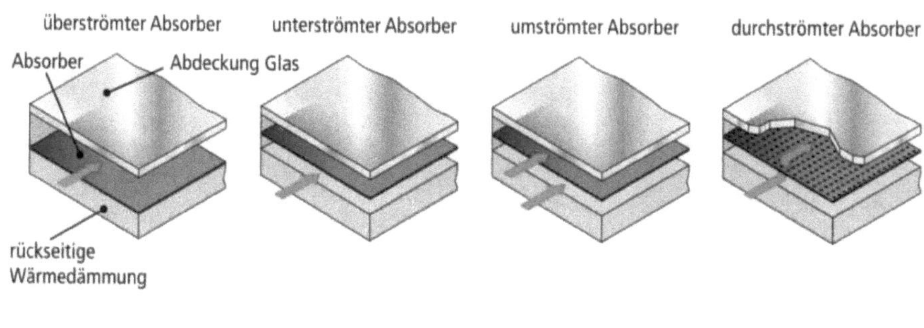

Abbildung 2.1: Arten der Absorberumströmung [1]

2.1.2 Aufbau von Absorber

Solar-Luft-Kollektoren lassen sich hinsichtlich ihres Absorbers grundsätzlich in zwei verschiedene Arten unterteilen[9]:

- Kollektoren ohne durchlässigen Absorber
- Kollektoren mit durchlässigem Absorber

Solar-Luft-Kollektoren ohne durchlässige Absorber

In Kollektoren ohne durchlässigen Absorber fließt der Luftstrom über und/oder unter der Absorberplatte. Bei konventionellen Luft-Kollektoren strömt das Fluid beispielsweise hinter dem Absorber entlang ("Unterströmter Absorber" [1]). In einer anderen Bauform wird das Gasgemisch zwischen Absorber und der Glasabdeckung durch den Kollektor geleitet ("Überströmter Absorber" [1]). Die Kombination dieser beiden Bauformen führt dazu, dass der Luftstrom zuerst zwischen Abdeckung und Absorber hineinströmt, um anschließend umgelenkt zu werden und unten zwischen Absorber und Isolierung wieder den Kollektor verlässt ("Umströmter Absorber" mit Gegenstromprinzip [1]). [9]
Einsatzmatieralien sind im Allgemeinen Metallbleche aus Stahl, Edelstahl, Aluminium oder Kupfer [1]. Diese Absorberbleche kommen häufig in berippter Ausführung vor, wobei Längsrippen (in Stromrichtung) die Wärmeübertragungsfläche vergrößern und Querrippen (senkrecht zur Stromrichtung) zusätzliche Verwirbelungen erzeugen. Das Resultat der Verwirbelungen ist ein höherer Wärmeübertragungskoeffizient. Die Berippung hat immer eine erhöhung des Druckverlustes zu Folge. [5]

Solar-Luft-Kollektoren mit durchlässigem Absorber

Bei dieser Variante besteht der Absorber ("Durchströmter Absorber" [1]) nicht aus einer einfachen Platte, sondern aus luftdurchlässigem Material, welches die einfallende Solarstrahlung absorbiert und die entstehende Wärme über die Substanz verteilt. Dadurch ist im Vergleich zu herkömmlichen Plattenabsorbern eine relativ große Wärmeübertragungsfläche pro Volumenelement gewärleistet. Dies spiegelt sich in einem höheren Wärmeübertragungskoeffizienten wieder. Dabei ist es möglich, dass ein Teil der Absorption in den tiefer gelegenen Schichten des Absorbermaterials stattfindet. Dadurch werden die Temperatur und die Verluste in der oberen Grenzschicht minimiert. Mögliche Absorbermaterialien könnten Metallkugeln, Glassperlen, Glasscherben, Eisenspäne, eingeschlitzte und gedehnte Aluminiumfolie, Maschendraht oder Lochblech sein. [9] Bei dieser Art des Absorbers ist zu bachten, dass der Druckverlust höher ist als bei undurchlässigen Absorber [1].

Bei beiden Absorberarten sollte bei der Modellbildung berücksichtigt werden, dass bei der Abdeckung mit Luftberührung auch "benetzte Abdeckung"[3] genannt größere Konvektionsverluste resultieren [9], was eine größere Windabhängigkeit mit sich bringt [3].

2.1.3 Absorberbeschichtung

Eine Beschichtung dient der Verbesserung der Absorbereigenschaften hinsichtlich der Absorption und Emission. Sie wird deswegen hauptsächlich bei Absorber ohne Durchströmung eingesetzt, ist aber auch bei durchströmten Absorber denkbar. Es kann auf eine hochwertige Selektivbeschichtung oder einen preiswerten schwarzen Lack zurückgegriffen werden. [1]

2.1.4 Abdeckung des Kollektors

Es existieren unterschiedliche Bauarten hinsichtlich der Kollektorabdeckung:

Kollektor ohne Abdeckung

Die einfachste Bauform, wie sie auch von Baritto und Bracamonte [10], D. Njomo [11] und darüber hinaus von Njomo und Daguenet [12] modelliert wurde, ist die Variante ohne transparente Abdeckung. Das heißt, dass der Kollektorbehälter auf der Oberseite mit dem Absorber abschließt und dazwischen von Luft durchströmt wird.

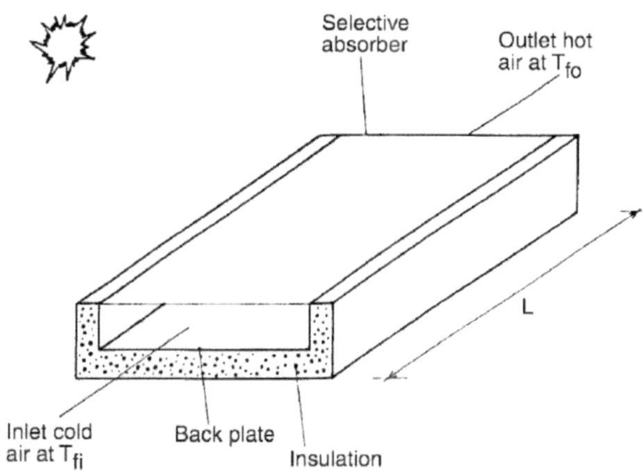

Abbildung 2.2: Schema eines Solar-Luft-Kollektors ohne transparente Abdeckung [11] mit: *Selective absorber - Selktiver Absorber, Outlet hot air at* T_{fo} *- Heiße Auslassluft mit* T_{fo}*, Inlet cold air at* T_{fi} *- Kalte Einlassluft mit* T_{fi}*, Back plate - Hintere Platte, Insulation - Isolierung*

Kollektor mit einer transparenten Abdeckung

Im Vergleich zur einfachsten Bauweise ohne Abdeckung ist es energetisch sinnvoller, einen lichtdurchlässigen Aufbau zu verwenden, da dieser die Wärmeverluste nach oben deutlich verringert. Diese Bedeckung kann aus Glas oder Polymeren bestehen [12]. Diese Art des Kollektors wurde bereits von verschidenen Autoren in unterschiedlichen Varianten modelliert. [1]

Eine modellhafte Darstellung für einen Kollektor mit einer transparenten Abdeckung ist in Abbildung (3.1) dargestellt und wird für das spätere Beispiel verwendet.

Kollektor mit zwei transparenten Abdeckungen

Zweischichtige Abdeckungen reduzieren die Verluste durch Infrarotstrahlung und schließen ein Lufpolster zwischen den Gläsern ein, was eine Isolationswirkung zur Folge hat. Aus diesem Grund sind ein Großteil von Solar-Luft-Kollektoren mit hohem Wirkungsgrad mit zwei lichtdurchlässigen Abdeckungen ausgestattet. [25]
Modellbildungen eines Kollektors mit zwei transparenten Abdeckungen wurden von Edward K. Summers [25], Amritpal Singh [9], Ashish Kumar [13], Ahmed M. Qenawy und A. A. Mohamad [26] und Donatien Njomo und Michel Daguenet [12] realisiert.

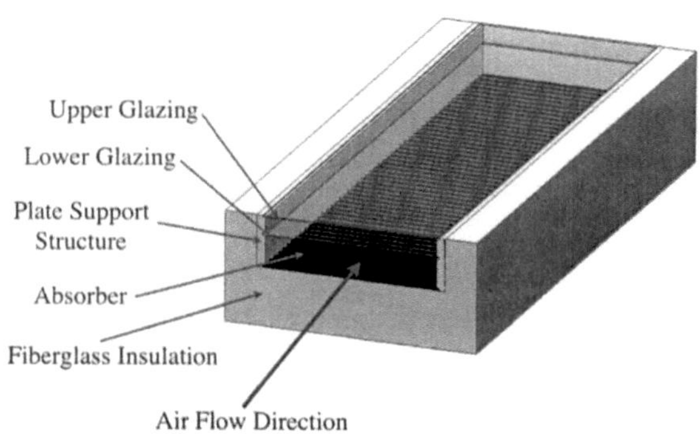

Abbildung 2.3: Schnittdarstellung eines Solar-Luft-Kollektors mit zwei transparenten Abdeckungen [25] mit: *Upper- und Lower-Glazing - Obere und untere Glasabdeckung, Plate Support Strukture - Plattenhaltestruktur, Fiberglass Insulation - Glaswolleisulation, Air Flow Direction - Luftstromrichtung*

[1]Vergleiche unter anderem Ashish Kumar [13], J. A. Duffie und W.A. Beckman [14], Donatien Njomo und Michel Daguenet [12], Ahmad Fudholi et al. [16], Elradi A. Musa et al. [17], B. Paul und J. S. Saini [18], David Luna et al. [19], Mahid Hedayatizadeh et al. [20], Yves Jannot und Yézouma Coulibaly[21], Wenfeng Gao et al. [22], M. K. Gupta und S. C. Kaushikin [23] und Bashria Abdrub alrasoul Abdallah Yousef und Nor Mariha Adam [24]. Mit einem Modell der natürlichen Konvektion beschäftigten sich K. S. Ong und C.F. Than [15].

Vakuum-Röhrenkollektor

Eine etwas unüblichere Variante eines Solar-Luft-Kollektors ist der Vakuum-Röhrenkollektor, welcher meist aus zwei koaxialen Glasröhren mit unterschiedlichem Durchmesser besteht. Der Zwischenraum ist dabei evakuiert um eine bestmögliche Isolation zu realisieren. Die innere Röhre ist beschichtet und dient als Absorber. Mit einem solchen Kollektor beschäftigt sich Christian Welz et al. in [2, 3].

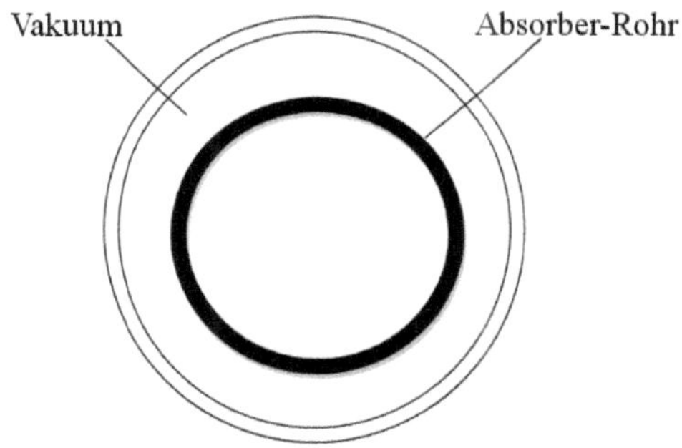

Abbildung 2.4: Schnittdarstellung eines Vakuum-Röhren-Luft-Kollektors

2.2 Modellierung

2.2.1 Definition von Modell und Modellierung

Die Definition des Begriffs Modell und Modellierung ist mit den Worten von Diran Basmadjian in [27] gut getroffen und soll im Folgenden als Arbeitsgrundlage herangezogen werden:

> "The term model, as used in this text, is understood to refer to the ensemble of equations which describe and interrelate the variables and parameters of a physical system or process. The term modeling in turn refers to the derivation of appropriate equations that are solved for a set of system or process variables and parameters. These solutions are often referred to as simulations, i.e., they simulate or reproduce the behavior of physical systems and processes."

Die deutsche Übersetzung des Zitat befindet sich im Anhang auf Seite 25.

2.2.2 Vorüberlegungen zur Modellierung

Bei der Herangehensweise an die Modellierung gilt es folgende Faktoren zu berücksichtigen, welche die Modellgenauigkeit und die Rechenzeit beeinflussen:

- Wie Komplex soll das Modell sein?
  Bei Lösungsansatz, basierend auf Differentialgleichungen, kann das Modell unnötig verkompliziert werden. Die dadurch entstehende hohe Dimensionalität erschwert es, die Ergebnisse zu interpretieren. [27]
  Ziel sollte es sein das Modell genau genug für das Problem aber nicht zu komplex zu gestallten.

- Wo liegen die oberen und unteren Grenzen des Problems?
  Um exakte Antworten formulieren zu können, ist es sinvoll, nur die für die Lösung interessanten Bereiche zu betrachten [27], was auch zu einer Reduktion des Rechenaufwands führt.

- Können sinnvolle Vereinfachungen und Nährungen festgelegt werden?
  Diese dienen der Vereinfachung der Gleichungen und somit des Modells. [27]

2.2.3 Modellarten

In der Vergangenheit wurden verschiedene Modellansätze von Solar-Luft-Kollektoren entwickelt und sollen im Folgenden aufgezeigt werden:

Einknoten Modell

Die einfachste Art der Modellbildung ist das Einknoten Modell. Es beinhaltet die Annahme, dass die Temperatur der einzelnen Bestandteile (Isolierung, Absorber, Abdeckung) und der des Gases gleich ist. Aus diesem Grund ist eine Wärmeübertragung zwi- schen diesen Komponenten nicht nötig. Diese Vorgehensweise wird jedoch selten bei kurzen Betrachtungszeiträumen wie zum Beispiel eines Tageszyklus angewandt, da durch diese Annahme zu große Abweichungen zur Realität entstehen. Für Langzeitbetrachtungen wie einer Jahresertragssimulation ist der Einknotenansatz sehr gut geeignet, da er eine schnelle Berechnung zulässt. [10]

Die Folgenden häufiger genutzten komplexeren Modelle basieren auf der Grundlage von Energiebilanzen über die jeweiligen Bauteile des Kollektors. Diese Modelle variiren aufgrund der Wahl der Wärmeübertragungskoeffizienten und des verwendeten mathematischen Lösungswegs. Eine grundlegende Unterteilung der Modellarten kann in isotherme- und nicht-isotherme Modelle geschehen. [10]

Isothermes Modell

Beim isothermen Modellansatz wird die jeweilige Temperatur der einzelnen Platten als konstante Durchschnittstemperatur angenommen. Dadurch wird die Rechnung erheblich vereinfacht, da die Variationen innerhalb der Bestandteile vernachlässigt werden. [10]
Praktiziert hat diese Art der Vereinfachung unter anderem Duffi und Beckman [14], Wenfeng Gao et al. [22] und Bashria Abdrub alrasoul Abdallah Yousef und Nor Mariha Adam in [24]. Häufig wird versucht, die Modellierung in dimensionsloser Form darzustellen. In der Literatur werden zu diesem Zweck viele Funktionen angegeben, welche die Kollektorgröße mit dimensionslosen Kennzahlen wie Kollektoreffizienzfaktor, Wärmeverlustfaktor und dem Kollektorflussfaktor in Relation setzen. Der Einsatz dieser Kennzahlen vereinfacht zwar die Modellbildung, erschwert aber die Extraktion von Einzelinformationen aus dem Modell. Außerdem ist anzumerken, dass die Annahme der Durchschnittstemperatur des isothermen Modells nur dann Gültigkeit besitzt, wenn der Kollektor lang genug ist und damit die Annahme auf den zu modellierenden Kollektor passt. [10]

Nicht-Isothermes Modell

Das nicht-isotherme Modell kann in ein zwei-dimensionales und ein drei-dimensionales Modell unterteilt werden. [5]

Zwei-dimensionales Modell Das nicht-isotherme-zwei-dimensionale Modell berücksichtigt die Temperaturveränderung und den Fluss der Wärmeenergie entlang des Kollektors und ist somit für Kollektoren jeglicher Länge geeignet. Der Nachteil dieses Verfahrens ist, dass analytische Lösungen nur extrem schwer zu erreichen sind und somit auf numerische Lösungsmethoden zurückgegriffen werden muss. Dazu findet in der Praxis oft die diskrete Herangehensweise Anwendung, welche auf folgender Vereinfachung beruht: Der Kollektor wird entlang seiner Achse in verschiede Teilbereiche untergliedert, die anschließend unter dem Gesichtspunkt des isothermen Modells jeweils einzeln behandelt werden. Diese Einzelmodellbereiche werden danach zu dem Gesamtkonstrukt zusammengesetzt. Im Anschluss daran erfolgt die Lösung der Gleichungen meist mit Hilfe der finiten Differentialmethode. [10]
Ashish Kumar verwirklichte in seiner Arbeit [13] den beschriebenen Lösungsweg.

Drei-dimensionales Modell Das drei-dimensionale Modell basiert auf dem Konzept der Unterteilung des Lösungsvolumens in eine große Anzahl an Untervolumina. Dabei werden für jeden der entstehenden Gitterknoten unter Berücksichtigung der gewählten Anfangswerte Masse-, Moment- und Energie-Erhaltungsgleichungen gelöst. Dieses Vorgehen wird für alle Gitterpunkte vollzogen, was zur Folge hat, dass in jedem Punkt des Netzes die Temperatur, die Geschwindigkeit und andere bestimmbare Größen wie zum Beispiel der Druck bekannt sind. Diese Art von Modell ist auch als CFD(Computational fluid dynamics)-Modell geläufig und kann mithilfe spezieler Software gelöst werden. [31]

Kennlinien Modell

Für eine Umsetzung der oben genannten physikalischen Modelle für große Zeitbereiche, welche bei Jahresertragssimulationen oder ähnlichen Berchnungen Anwendung finden, wird häufig das Kennlinien Modell genutzt. Mit diesem Modell ist es möglich, den Rechenaufwand und somit die Rechenzeit erheblich zu reduzieren. Zu diesem Zweck werden mit dem physikalischen Modell mehrere Betriebspunkte simuliert, welche dann in einer Kennlinie oder Kennfläche zusammengefasst werden. [5]
Ein Beispiel einer solchen Anpassung von Simulationsergebnissen in eine Kennfläche ist die Wirkungsgradkennfläche eines Luftkollektors nach Christian Welz et al. in [2]

Kapitel 3

Vorgehensweise bei der Modellierung

Nachdem die Zielstellung sowie die Komplexität des Modells feststehen, beginnt die eingentliche Aufgabe der Modellierung.

3.1 Allgemeine Vorgehensweise

Nach der Analyse verschiedener Modellierungen von Solar-Luft-Kollektoren lassen sich folgende zu verallgemeinernde Teilschritte hinsichtlich der Vorgehensweise festhalten:

1. Kollektor als Skizze darstellen und die einzelnen Temperaturknoten der Teilkommponenten sowie die Wärmeübertragung zwischen den Knoten identifizieren und einzeichnen [3]. Zusätzlich können für die Modellierung wichtige geometrische Daten und Stoffeigenschaften des Kollektors in einer detailreichen Zeichung dargestellt werden, um den Überblick zu verbessern. Darüber hinaus kann es sinnvoll sein das dazugehörende thermische Netzwerk darzustellen.

2. Die allgemeinen Annahmen und Vereinfachungen festhalten, so dass klar ist unter welchen Gesichtspunkten die Gleichungen und deren Reduktionen erfolgen.

3. Energiebilanzen für alle Temperaturknoten des Kollektors unter Berücksichtigung der Vereinfachungen aufstellen. Teilkomponenten sind zum Beispiel die Abdeckung, der Absorber, die Isolierung und der Luftstrom. Diese Bilanzierungen beinhalten bei Luft-Kollektoren im Allgemeinen nur die Wärmeübertragung in Form von Konvektion, Konduktion und Strahlung. Bei Komplexen Modellen ist es notwendig auch den Druckabfall der Strömung zu berücksichtigen, da dieser das gesamte System beeinflusst. Beispielsweise verändert er die notwendige Pumpenleistung und somit auch die Effizienz.

4. Die Bilanzgleichungen verknüpfen und falls möglich vereinfachen.
(Daraus gilt es eventuell den Kollektorwirkungsgradfaktor und den Gesamtwärmeverlustkoeffizienten abzuleiten, falls es das Modell verlangt.)

5. Notwendige Stoffeigenschaften festlegen oder berechnen, welche bereits in den Bilanzen als Konstanten verwendet wurden.

6. Sinnvolle Anfangswerte für die Differentialgleichungen finden.

7. Die Gleichungen nach der gewünschten Größe umstellen.

3.2 Modellierung am Beispiel

Um die Vorgehensweise einer einfachen thermischen Modellierung aufzuzeigen, wird das Beispiel eines Solar-Luft-Kollektors mit einer transparenten Abdeckung, sowie unterströmtem Absorber gewählt. Diese Bauart hat unter Verwendung des isothermen Modells den Vorteil, dass sie nicht unnötig komplex ist. Die nachfolgende Modellierung lehnt sich an die Vorgehensweise von Piotr Mataszewski und Malgorzata Sawicka [29] sowie Somchart Soponronnarit et al. [28] an, welche sich beide auf Duffie und Beckman [14] beziehen.

3.2.1 Skizze und thermisches Netzwerk

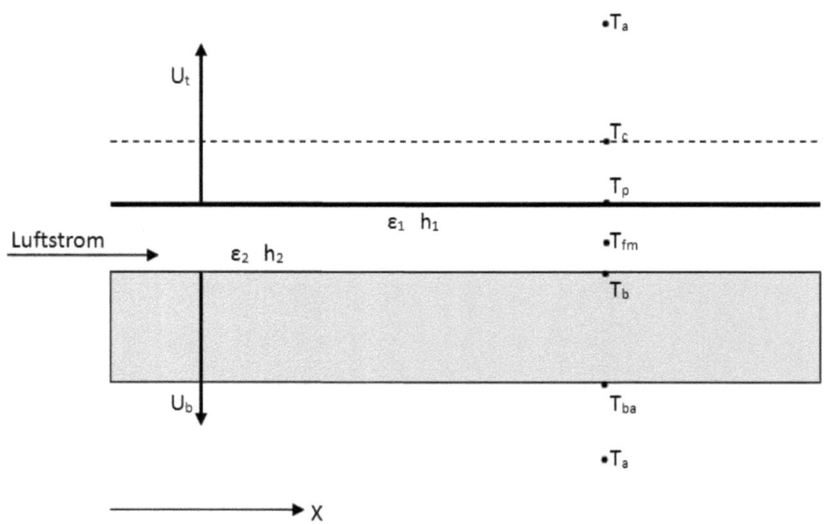

Abbildung 3.1: Skizzierte Darstellung des Modells mit Temperaturknoten, Emissions- und Wärmeübergangskoeffizienten in Anlehnung an [14]

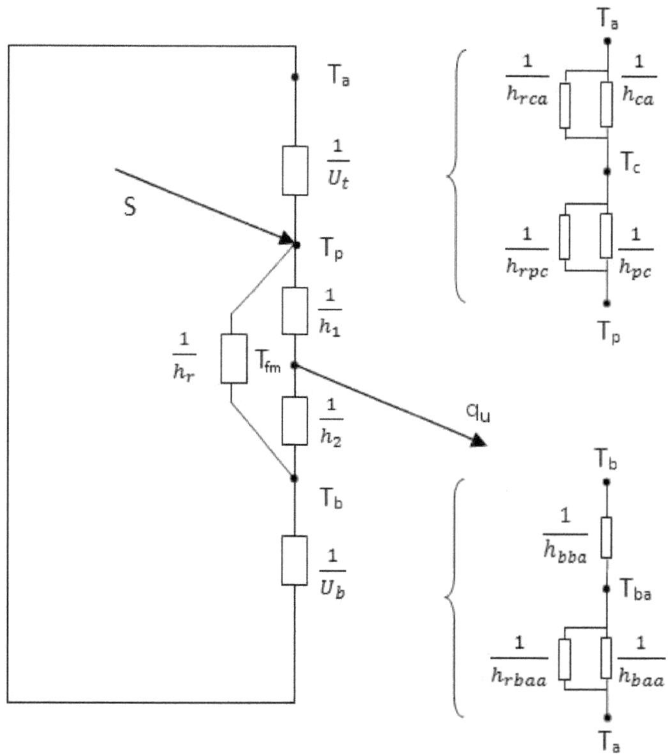

Abbildung 3.2: Übertragung der Skizze auf ein thermisches Netzwerk mit den jeweiligen Widerständen und Temperaturknoten

3.2.2 Annahmen und Vereinfachungen festlegen

Um die Situation der Abbildungen 3.1 und 3.2 zu modellieren, werden folgende Vereinfachungen angenommen ohne dass sich dadurch das Ergebnis zu weit von der Realität entfernt:

1. Der Kollektor befindet sich im stationären Zustand [14]
2. Der Wärmetransport der Luft in Stromrichtung wird vernachlässigt [12]
3. Die Temperaturen der Einzelkomponenten sind jeweils gleich und variieren nicht entlang der x-Achse
4. Die Wärmeübertragung erfolgt eindimensional [14]

5. Die Temperatur unter dem Kollektor ist gleich der Umgebungstemperatur
6. Verschmutzungen auf dem Kollektor werden vernachlässigt [14]
7. Beschattung des Kollektors wird vernachlässigt [14]
8. Der Kollektor befindet sich in einem Luftkollektorsystem mit langer Anlaufstrecke
9. Die Kollektoreigenschaften sind unabhänig von der Temperatur [14]
10. Der Himmel wird als schwarzer Körper für langwellige Strahlung mit der damit verbunden Himmelstemperatur angenommen [14]
11. Die Leckage des Kollektors wird vernachlässigt
(Neue Forschungsergebnisse von Christian Welz [4] deuten hingegen an, dass "die Wärmeübertragung vom Absorber zur Luft durch die Leckage in ähnlicher Größenordung beeinflusst wird, wie Wärmeverluste durch Leckageströme auftreten" [4]. Siehe Anhang Seite 34.)

3.2.3 Aufstellen der Energiebilanzen

Beim Aufstellen der Energiebilanzen wird die Glasabdeckung in Anlehnung an Duffie und Beckman [14] in den oberen Energieverlustskoeffizienten U_t integriert und taucht in dieser Form in den Einzelbilanzen auf.

Absorber

$$S + U_t(T_a - T_p) + h_1(T_f - T_p) + h_r(T_b - T_p) = 0 \tag{3.1}$$

Luftstrom

$$q_u = h_1(T_p - T_f) + h_2(T_b - T_f) \tag{3.2}$$

Bodenplatte

$$h_2(T_f - T_b) + h_r(T_p - T_b) + U_b(T_a - T_b) = 0 \tag{3.3}$$

S Absorbierte Solarstrahlung am Absorber bezogen auf die Fläche, $\frac{W}{m^2}$
q_u Nutzbare Energie bezogen auf die Fläche, $\frac{W}{m^2}$
T_a Umgebungstemperatur, K
T_p Absorbertemperatur, K
T_f Fluidtemperatur, K
T_b Temperatur der Bodenplatte, K
h_1 Konvektionskoeffizient vom Absorber zum Fluid, $\frac{W}{m^2K}$
h_2 Konvektionskoeffizient von der Bodenplatte zum Fluid, $\frac{W}{m^2K}$
h_r Strahlungskoeffizient zwischen Absorber und Bodenplatte, $\frac{W}{m^2K}$
U_t Koeffizient für die frontseitigen Wärmeverluste, $\frac{W}{m^2K}$
U_b Koeffizient für die rückseitigen Wärmeverluste, $\frac{W}{m^2K}$

3.2.4 Gleichungen verknüpfen

Nun ist es sinnvoll die Gleichungen so zusammenfügen, dass q_u nur noch von den Temperaturen T_a und T_f sowie den Wärmeübertragungskoeffizienten abhänig ist. Es müssen also T_b und T_p eliminiert werden. [14]

$$T_p - T_f = \frac{S(U_b + h_r + h_2) - (T_f - T_a)(U_b h_r + U_b U_t + U_t h_r + U_t h_2)}{(U_b + h_r + h_2)(U_t + h_r + h_1) - {h_1}^2} \tag{3.4}$$

$$T_b - T_f = \frac{S h_r - (T_f - T_a)(U_b h_1 + U_b U_t + U_t h_r + U_b h_r)}{(U_b + h_r + h_2)(U_t + h_r + h_1) - {h_r}^2} \tag{3.5}$$

(3.4) und (3.5) in (3.2) eingesetzt und anschließend umgeformt ergibt:

$$q_u = F'[S - U_L(T_f - T_a)] \tag{3.6}$$

mit:

Kollektorwirkungsgradfaktor

$$F' = \frac{(h_r h_2 + U_b h_1 + h_1 h_r + h_2 h_1)}{(U_b + h_r + h_2)(U_t + h_r + h_1) - {h_r}^2} \tag{3.7}$$

Gesamtwärmeverlust Koeffizient

$$U_L = \frac{(U_t + U_b)(h_r h_2 + h_1 h_r + h_2 h_1) + U_t U_b (h_2 + h_1)}{h_r h_2 + U_b h_1 + h_1 h_r + h_2 h_1} \tag{3.8}$$

$$U_L = U_t + U_b + U_e \tag{3.9}$$

In diesem Modell ist wegen der Annahmen $U_e = 0$ und es fällt somit nicht ins Gewicht. Für denn Fall das U_e nicht Null ist, kann es nach Gleichung 3.28 bestimmt werden.

U_L	Gesamtwärmeverlust, $\frac{W}{m^2K}$
F'	Kollektorwirkungsgradfaktor
U_e	Seitenwärmeverlustkoeffizient, $\frac{W}{m^2K}$

Anstatt auf die Lufttemperatur an einem Punkt im Kollektor kann die Gleichung (3.6), auf die Lufteintrittstemperatur T_{fi} bezogen werden. Dies ist sinnvoll, wenn die einströmende Luft in einem Gebäudeheizsystem bereits durch einen Wärmetauscher auf eine Temperatur über der Umgebungstemperatur gebracht wurde oder der Kollektor in einem geschlossen Luftkreisluft integriert ist.[14]:

$$q_u = F_R[S - U_L(T_{fi} - T_a)] \tag{3.10}$$

Andererseits kann die nutzbare Wärmeenergie auch in Abhänigkeit von T_{fm} und T_{fi} dargestellt werden:

$$T_{fm} = \frac{1}{L}\int_0^L T_f(x)dx \tag{3.11}$$

$$T_{fm} = T_{fi} + \frac{\frac{Q_u}{A_c}}{F_R U_L}(1 - F'') \tag{3.12}$$

Daraus folgt:

$$Q_u = A_c \frac{F_r}{1 - F''} U_L (T_{fm} - T_{fi}) \tag{3.13}$$

Q_u	Nutzbare Wärmeleistung, W
T_{fm}	Mittlere Lufttemperatur, K
F_R	Wärmeentzugsfaktor
L	Länge des Kollektors, m
x	Laufender Parameter entlang des Kollektors
T_{fi}	Lufttemperatur am Kollektoreintritt, K
A_c	Kollektorfläche, m^2
F''	Kollektor-Fluss-Faktor

3.2.5 Bestimmung von Koeffizienten und Faktoren

Wärmeübergangskoeffizienten

Da das Verhältnis von Kollektorlänge L zu Durchflussdurchmesser D_h bei einem Luftkollektorsystem mit langer Anlaufstrecke immer recht hoch ist und auch die Reynoldszahl groß ist, kann angenommen werden, dass es sich um eine voll entwickelte turbulente Strömung handelt. [14]

$$R_e = \frac{\dot{m} D_h}{A_f \mu} \tag{3.14}$$

Daraus lässt sich die Nusselt Zahl berechnen, welche für die Berechung des Wärmeübergangskoeffizienten h benötigt wird. [29]

$$N_u = 0,0158 * R_e^{0,8} \tag{3.15}$$

Die Wärmeübergangskoeffizienten h_1 und h_2 sind dabei gleich groß [14]:

$$h_1 = h_2 = h \tag{3.16}$$

$$h = N_u * \frac{k}{D_h} \tag{3.17}$$

D_h	Durchflussdurchmesser, m
R_e	Reynoldszahl
$\dot{m}$	Massenstrom, $\frac{kg}{s}$
A_f	Durchflossene Fläche, m^2
μ	Dynamische Viskosität, $\frac{kg}{sm}$
N_u	Nusselt Zahl
h	Wärmeübergangskoeffizient
k	Thermische Konduktivität, $\frac{W}{mK}$

Strahlungs Wärmeübertragungskoeffizient

$$h_r = \frac{4\sigma {T_{fm}}^3}{\frac{1}{\varepsilon_1} + \frac{1}{\varepsilon_2} - 1} \tag{3.18}$$

σ	Stefan Boltzmann Konstante, $\frac{W}{m^2K^4}$
ε_1	Emissionskoeffizient von Glas
ε_2	Emissionskoeffizient vom Absorber

Wärmeentzugsfaktor

Mit $h_1 = h_2$ und weiterem Umformen ergibt sich laut Piotr Mataszewski und Malgorzata Sawicka [29] F' zu :

$$F' = \left[1 + \frac{U_L}{h + (\frac{1}{h} + \frac{1}{h_r})^{-1}}\right]^{-1} \tag{3.19}$$

$$F'' = \frac{\dot{m}C_p}{A_c U_L F'}\left[1 - exp\left(-\frac{A_c U_L F'}{\dot{m}C_p}\right)\right] \tag{3.20}$$

$$F_R = F' * F'' \tag{3.21}$$

C_p Spezifische Wärmekapazität, $\frac{kJ}{kgK}$

Absorbierte Solarstrahlung

$$S = I_b R_b(\tau\alpha)_b + I_d(\tau\alpha)_d\left(\frac{1+\cos\beta}{2}\right) + \rho_g(I_b + I_d)(\tau\alpha)_g\left(\frac{1-\cos\beta}{2}\right) \tag{3.22}$$

Transmissions-Absorptions Produkt

$$(\tau\alpha) = \tau\alpha\sum_{n=0}^{\infty}[(1-\alpha)\rho_d]^n = \frac{\tau\alpha}{1-(1-\alpha)\rho_d} \tag{3.23}$$

Für weitere Informationen zu optischen Eigenschaften sowie den einzelnen Herleitungen siehe Duffie und Beckman [14].

I	Einstrahlung, $\frac{W}{m^2}$
R_b	Direkteinstrahlungsanteil auf Abdeckung bezogen auf die Horizontale
τ	Transmissionskoeffizient
α	Absorptionskoeffizient
$(\frac{1\pm\cos\beta}{2})$	Sichtfaktoren von Kollektor zu Himmel und zum Boden
ρ_g	Bodenreflexion
$(\tau\alpha)$	Transmissions-Absorptions Produkt
n	Anzahl der Reflexionsschritte
ρ_d	Diffuse Reflexion

mit Index:

b	Direktstrahlung
d	Diffusstrahlung
g	Am Boden reflektierte Strahlung

Wärmeverlustkoeffizienten

$$U_t = \left\{ \frac{N}{\frac{C}{T_{pm}} \left[\frac{(T_{pm} - T_a)}{(N+f)} \right]^e} + \frac{1}{h_w} \right\}^{-1} + \frac{\sigma (T_{pm} + T_a)({T_{pm}}^2 + {T_a}^2)}{(\varepsilon_p + 0,00591 N h_w)^{-1} + \frac{2N + f - 1 + 0,133\varepsilon_p}{\varepsilon_g} - N} \tag{3.24}$$

mit dem Wind Wärmeübergangskoeffizient:

$$h_w = \frac{8,6 * V^{0,6}}{L_H^{0,4}} \tag{3.25}$$

und der mittleren Absorbertemperatur:

$$T_{pm} = T_{fi} + \frac{\frac{Q_u}{A_c}}{F_R U_L}(1 - F_R) \tag{3.26}$$

N	Anzahl der Glasabdeckungen
f	$= (1 + 0,089h_w - 0,1166h_w\varepsilon_p)(1 + 0,07866N)$
C	$= 520(1 - 0,000051\beta^2)$ für $0° < \beta < 70°$. Für $70° < \beta < 90°$ nehme $\beta = 70°$
e	$= 0,430(1 - \frac{100}{T_{pm}})$
β	Kollektorneigung in Grad
ε_g	Emisionskoeffizient von Glas
ε_p	Emisionskoeffizient vom Absorber
T_{pm}	Mittlere Absorbertemperatur, K
h_w	Wind Wärmeübergangskoeffizient, $\frac{W}{m^2K}$
V	Windgeschwindigkeit, $\frac{m}{s}$
L_H	Quadratwurzel des Gehäusevolumens, m

$$U_b = \frac{k}{L} \tag{3.27}$$

$$U_e = \frac{(UA)_{edge}}{A_c} \tag{3.28}$$

$$(UA)_{edge} = \frac{\lambda}{d_i} L_p d_c \tag{3.29}$$

$(UA)_{edge}$	Seitlicher Wärmeverlustkoeffizient * Fläche, $\frac{W}{K}$
λ	Wärmeleitfähigkeit der Isolierung, $\frac{W}{mK}$
d_i	Dicke der Isolationsschicht, m
L_p	Umfangslänge des Kollektors, m
d_c	Höhe des Kollektors, m

Nun können die Gleichungen umgebaut werden, um die erwünschte Größe zu berechnet. In diesem Fall soll das die Auslasstemperatur und der Kollektor Wirkungsgrad sein [14].

Auslasstemperatur

$$T_{fo} = T_{fi} + \frac{Q_u}{\dot{m}C_p} \tag{3.30}$$

mit:

$$q_u = \frac{Q_u}{A_c} \tag{3.31}$$

T_{fo} Fluid Auslasstemperatur, $°C$

T_{fi} Fluid Einlasstemperatur, hier in $°C$

Kollektor Wirkungsgrad

$$\eta = \frac{Q_u}{A_c G_t} \tag{3.32}$$

η Wirkungsgrad

G_t Globalstrahlung bei senkrechtem auftreffen, $\frac{W}{m^2}$

Kapitel 4

Zusammenfassung und Ausblick

In der Arbeit wurde eine Überblick zu Solar-Luft-Kollektoren und den verschiedenen Bauformen gegeben. Anschließend erfolgte die Definition von "Modell" und "Modellierung" nach Diran Basmadjian. Darauf aufbauend folgten allgemeine Vorüberlegungen zur Modellierung. Neben dem Einheitstemperaturmodell wurden das isotherme und nichtisotherme Modell als Grundlagen der Modellierung von Solar-Luft-Kollektoren aufgezeigt. Aufbauend auf den vorangestellten Methoden wurde sowohl der allgemeine Weg einer Modellierung gezeigt und anhand eines Solar-Luft-Kollektors mit einer transparenten Abdeckung und unterströmten Absorber beschritten.

Für eine weitere Vorgehensweise ist zu erwähnen, dass das Modell nach der Modellierung mit der Realität verglichen und somit validiert werden sollte. Im Anschluss daran kann es sich als notwendig herausstellen, verschiedene Parameter, welche kollektor- und umfeldspezifisch sind, zu identifizieren und gegebenenfalls anzupassen [30]. Zudem gibt es weitere kollektorspezifische Eigenschaften, die bei der Modellierung der verschiedenen Kollektorarten Beachtung finden können. Aufgrund des begrenzten Rahmens dieser Arbeit konnten diese Eigenschaften nicht in vollem Umfang augegriffen werden. Weitere Informationen dazu befinden sich jedoch in der im Unterpunkt 2.1.4 verwiesenen Literatur. Die programmtechnische Umsetzung kann in verschieden Software- und Programmierlösungen verwirklicht werden. Dabei ist zu beachten, dass die für das Modell aufgestellten Gleichungen dementsprechend anzupassen sind [13].

Anhang A

Kurzübersicht zur Normierung

Die aktuell gültige europäische Solar-Kollektor Norm *DIN EN 12975* [7] enthält bis dato noch keinen Ansatz zum Prüfen von Solar-Luft-Kollektoren. Die Einbeziehung der Luft-Kollektoren in die europäische Kollektortestnorm *ENISODis9806* ist in vollem Gange, wird aber frühstens im September 2013 verbindlich einsetzbar sein. [3]
Dieser Zustand verdeutlicht die ungeregelte Lage, in der sich Luft-Kollektoren in Europa zurzeit befinden. In den USA ist die Lage deutlich besser, denn dort sind die Luft-Kollektoren schon lange ein fester Bestandteil der Norm ANSI/ASHRAE 93-1986 (RA91): *Methods of Testing to Determine the Thermal Performance of Solar Collectors* [6]. Kollektoren ohne Abdeckung werden in der Norm ANSI/ASHRAE 96-1980 (RA 1989): *Methods of Testing to Determine the Thermal Performance of Unglazed Flat-Plate Liquid-Type Solar Collectors* behandelt.[8]

Anhang B

Deutsche Definition von Modell und Modellierung

Deutsche Übersetzung zu der auf Seite 9 zitierter Definition:

Der Begriff Modell, wie er in diesem Text benutzt wird, ist gleichbedeutend mit einer Ansammlung von Gleichungen, welche die Zusammenhänge und Abhängigkeiten der Variablen und Parameter eines physikalischen Systems oder Prozesses beschreiben. Der Begriff Modellierung aber bezieht sich auf die Herleitung von angemessenen Gleichungen, welche eine Gruppe von System- oder Prozessvariablen lösen sollen. Diese Lösungen werden oft Simulationen genannt, da sie beispielsweise das Verhalten von physikalischen Systemen oder Prozessen simulieren oder reproduzieren. [27]

Anhang C

Informationen von Dipl.-Ing. (FH) Christian Welz (Fraunhofer-ISE)

Informationen von Christian Welz [3] vom Fraunhofer-Instituts für Solare Energiesysteme ISE, welche einen Überlick zu Solar-Luft-Kollektoren und eine Beschreibung zum Modellierungsvorgehen in Excel beinhalten

C.1 Überblick zu Solar-Luft-Kollektoren (E-Mail)

"...Zu erwähnen sei noch, dass bei abgedeckten Lukos mit benetzter Abdeckung (wo das Wärmeträgermedium die Scheibe berührt) etwas windabhängig werden. Bei abgedeckten Wasserkollektoren (Wako) ist das nie der Fall und wird im Kennlinienmodell nicht berücksichtigt, da die Luftschicht zwischen Absorber und Abdeckung unbewegt ist und isoliert.

Die Modellierung von Lukos kann weitere Teilmodelle mit einbeziehen, wie bei PVT und Hybrid-Luft-Wasser-Kollektoren.

Die Simulationsprogramme sind T*Sol (http://www.valentin.de/), Luftikus (verwendet von Grammer Solar), RETScreen http://www.retscreen.net/), SWIFT (Entwickelt von Natural Resource Canada (NRC)), Trnsair (http://www.solarwall.de/html/auslegung.html).

Ein Kennlinien-Modell mit Testverfahren wird derzeit in die neue Kollektortestnorm ENISODis9806 eingearbeitet (ehemals EN 12975). Das ISE hat einen Normvorschlag erarbeitet, welcher auf Lukos erweitert war. Die derzeit gültige Version behandelt nur den Test (mit Modell) von Wakos. Der Vorschlag stand bis vor wenigen Wochen im Internet der Öffentlichkeit zur Kommentierung zur Einsicht (nicht zum Download sondern auf einer Site, ist jetzt nicht mehr verfügbar, aber vielleicht findest Du noch was mit der Suche von ËNISODis9806"). Viele Länder haben Kommentare abgegeben, welche auf 700 Seiten zusammengefasst wurden. Nächste Woche wird diese List vom CEN-Ausschuss besprochen. Dann, vorraus. März 2013, wird der Normvorschlag überarbeitet und der Öffentlichkeit wieder zur Komentierung zur Verfügung gestellt, aber nur noch für editoriale Fehler (Komma vergessen, Leerzeichen zu viel, ...). Dann stimmt der CEN-Ausschuss erneut darüber ab. Die fertige verbindliche Norm gibt es fühestens September 2013.

Interessant ist auch die amerikanische Norm ANSI/ASHRAE "Methods of Testing to Determin the Thermal Performance of Solar Collectors", welche die Lukos mit Kennlinien-Modell und Leckageberücksichtigung schon lange enthält. (In den USA und Kanada gab es vor Jahrzehnten mal eine größere staatliche Förderung von Lukos und auf Grund der stärkeren Sonne im Winter sind sie dort bedeutend stärker vertreten.)

Neben der Berücksichtigung des Massenstroms ist auch die Leckage sehr wichtig. Meist sind Lukos nicht 100 % dicht, wie Wakos. Etwas austretende warme Luft verursacht i. d. R. keinen Schaden. Wenn ein Luko preisgünstig konstruiert ist, ist er meist auch weniger dicht. Zu beachten ist, ob die Luft vom Ventilator hineingeblasen oder herausgesaugt wird. Im ersten Fall entweicht dem Luko warme Luft (Energieverlust). Im zweiten Fall wird Umgebungsluft hineingesaugt (energetisch besser). (Der erste Fall ist aber zur Raumheizung auch gut, da die Ventilatorgeräusche in Gebäude durch die Lukos als Schalldämpfer reduziert weden.) . . . "

C.2 Methodik der Modellierung bei einem Vakuumröhrenkollektor

"... Bilder der Simulationsoberfläche in Excel, welche die Methodik veranschaulichen. Es wurde eine Vakuumröhre mit zusätzlicher vorder- und rückseitiger Glasabdeckung modelliert. Die Luft strömt an einem Ende ein und am anderen aus (Durchgangsröhre). "

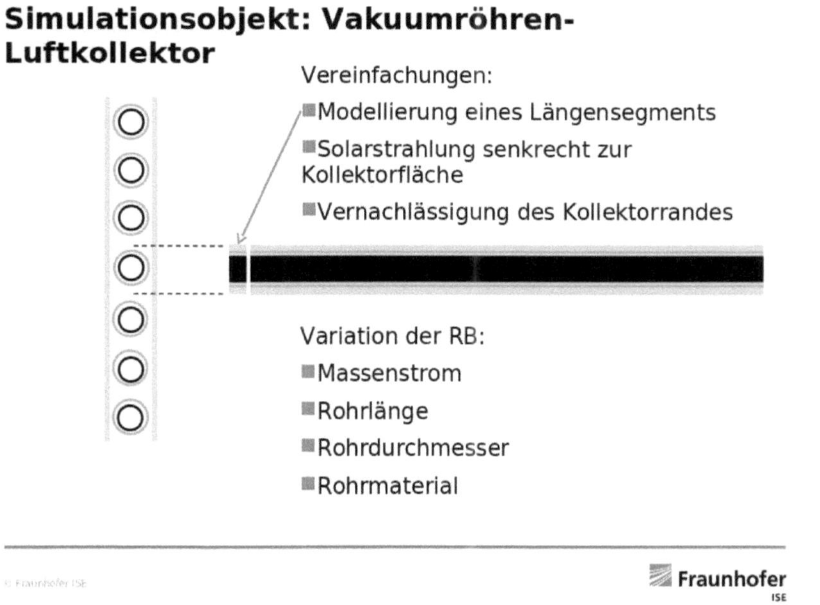

Abbildung C.1: Simulationsobjekt: Vakuumröhren-Luftkollektor - Vereinfachungen

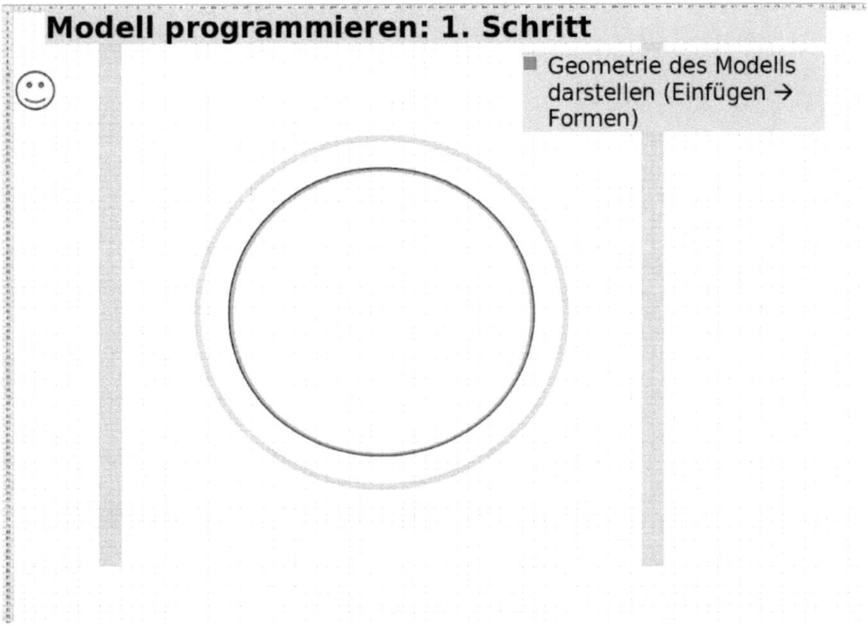

Abbildung C.2: Simulation 1. Schritt: Geometrie des Modells darstellen

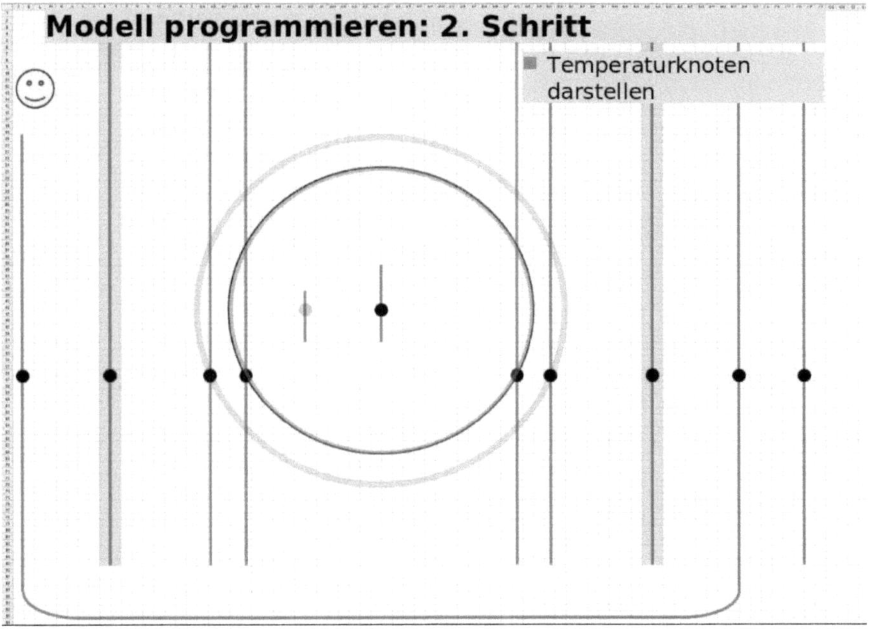

Abbildung C.3: Simulation 2. Schritt: Temperaturknoten darstellen

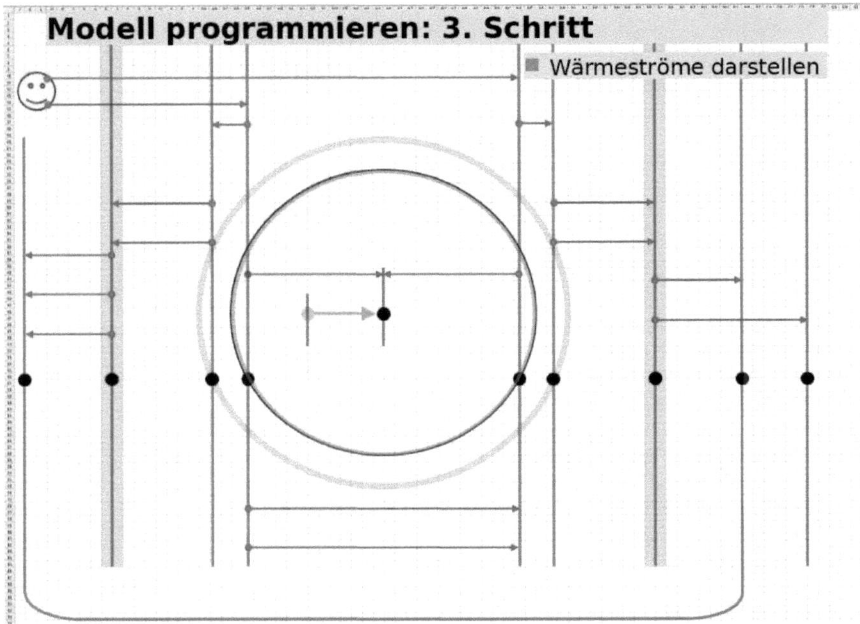

Abbildung C.4: Simulation 3. Schritt: Wärmeströme darstellen

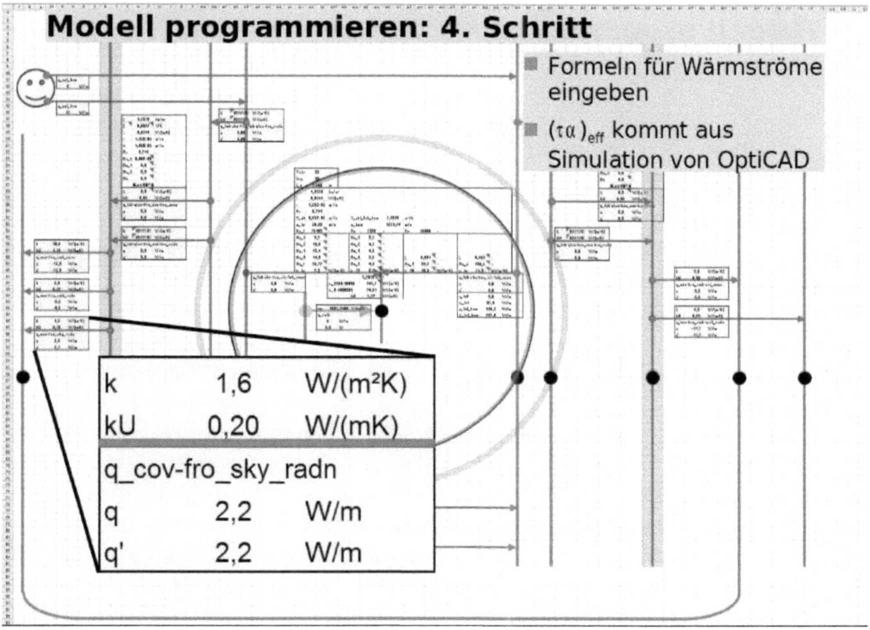

Abbildung C.5: Simulation 4. Schritt: Modell programmieren

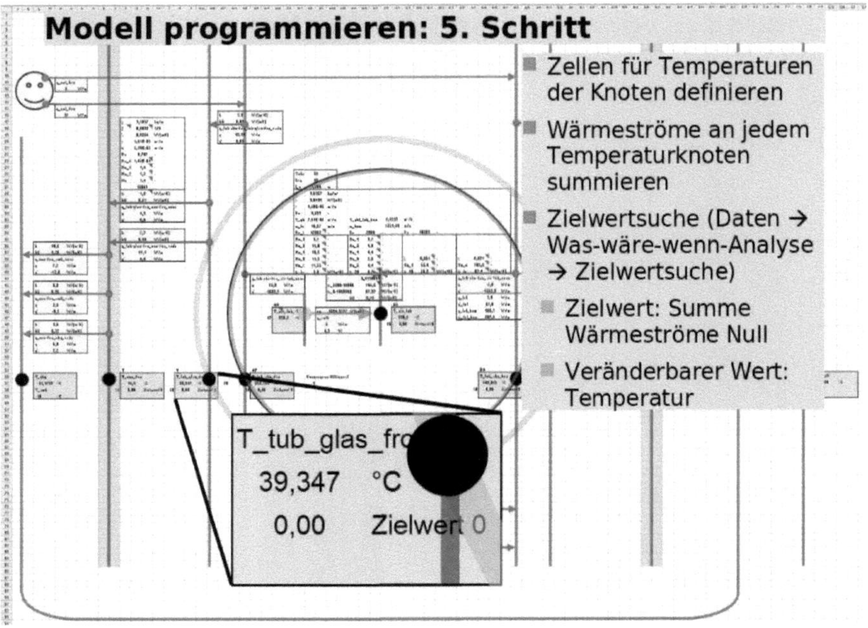

Abbildung C.6: Simulation 5. Schritt: Modell programmieren (Fortsetzung)

C.3 Stand der aktuellen Forschung

Daten basierend auf dem Telefongespräch mit Christian Welz vom 13.12.2012.

"...In letzter Zeit habe ich mich mit der Simulation der Leckage in Lukos beschäftigt. Dabei ist herausgekommen, dass die Wärmeübertragung vom Absorber zur Luft durch die Leckage in ähnlicher Größenordung beeinflusst wird, wie Wärmeverluste durch Leckageströme auftreten, denn die Leckage beeinflusst den Massenstrom im Luftkollektor. Wie sich dieser Einfluss auf das Gesammtsystem auswirkt ist noch genauer zu bestimmen. ..."

C.4 Spezifische Informationen bezüglich Luftkollektor-Modellierung

E-Mail vom 31.12.2012.

“Die Modellierung von Luftkollektoren ist durch die Massenstromabhängigkeit, die Leckage und der Bedeutung des Druckverlusts aufwendiger als bei flüssigkeitsdurchströmten Kollektoren.”

“Häufig werden die Absorber berippt. Längsrippen vergrößern die Wärmeübertragungsfläche. Querrippen bewirken zusätzlich eine Verwirbelung mit höherem Wärmeübergangskoeffizienten. Beide erhöhen den Druckverlust.”

Zu Einknotenmodell:
“Für Jahresertragssimulationen sehr gut geeignet, da schnelles Rechnen. (Wirkungsgradkennlinie in der Norm)”

Zur Unterscheidung von Physikalischen Modellierungen:
“ Physikalische Modellierung:

- 0-dimensionales Modell (Einknotenmodell)
- 1-dimensionales Modell (Isothermes Modell)
- 2-dimensionales Modell (Nicht-isothermes Modell)
- 3-dimensionales Modell (Nicht-isothermes Modell, CFD)

und die Kennlinienmodellierung:
Häufig werden mit mit einem phys. Modell mehrere Betriebspunkte simuliert und mit den Ergebnissen ein Kennlinienmodell angepasst. Mit dem einfachen schnellrechnenden Kennlinienmodell können dann Jahresertragssimulationen durchgeführt werden. Mit dem phys. Modell wäre eine Jahresertragssimulation zu zeitaufwändig.”

Literaturverzeichnis

[1] Klaus Heidler, C. Hindenburg, Bernd-Rainer Kasper, Markus Metz, Volker Quaschning, Martin Schnauss, P. Spitzmüller, Bernhard Weyres-Borchert.: *Solarthermische Anlagen.* Auflage: 8. überarbeitete Auflage, Deutsche Gesellschaft für Sonnenenergie, Berlin (13. Dezember 2008), S. 9-3 - 9-4.

[2] Christian Welz, Paolo Di Lauro, Christoph Thoma, Jens Richter, Michael Hermann, Gerhard Stryi-Hipp Christoph Maurer.: *Physikalische Modellierung und Simulation sowie detaillierte Vermessung von Luftkollektoren.* In: Tagungsbericht 22. Symposium Thermische Solarenergie, OTTI, 09 - 11.05.2012, Bad Staffelstein.

[3] Christian Welz.: *Daten für Modellierung von Solar-Luft-Kollektoren und Methodik der Modellierung bei einem Vakuumröhrenkollektor.* E-Mail vom 08.11.2012, siehe Anhang C1 und C2.

[4] Christian Welz.: *Stand der aktuellen Forschung.* Telefongespräch vom 13.12.2012, siehe Anhang C3.

[5] Christian Welz.: *Spezifische Informationen bezüglich Luftkollektor-Modellierung.* E-Mail vom 31.12.2012, siehe Anhang C4.

[6] Norm ANSI/ASHRAE 93-1986 (RA91): *Methods of Testing to Determine the Thermal Performance of Solar Collectors* (1991).

[7] Norm DIN EN 12975 Teil 2: *Thermische Solaranlagen und ihre Bauteile - Kollektoren - Teil 2: Prüfverfahren* (2006).

[8] Jay Burch, Ross Casey.: *Wind Issues In Solar Thermal Performance Ratings : Preprint* National Renewable Energy Laboratory, Conference Paper NREL/CP-550-45466, April 2009.
Online verfügbar unter: www.nrel.gov/docs/fy09osti/45466.pdf (Abruf 18.11.2012)

[9] Amritpal Singh.: *Mathematical Modeling for Thermohydraulic Performance of Wire Mesh Packed Bed Solar Air Heater.* Masterarbeit, Thapar University, Patiala (2012). Online verfügbar unter: http://dspace.thapar.edu:8080/dspace/handle/10266/2062 (Abruf: 18.11.2012).

[10] Miguel Baritto, Johane Bracamonte.: *A dimensionless model for the outlet temperature of a nonisothermal flat plate solar collector for air heating.* In: Solar Energy 86 (2012), S. 647-653.
Online verfügbar unter: http://de.scribd.com/doc/ 87750764/2012-A-Dimension-Less-Model-for-the-Outlet-Temperature-of-Non-Iso-Thermal-FPSC-for-Air-Heating (Abruf: 21.11.2012)

[11] Donatien Njomo.: *Unglazed selective absorber solar air collector : Heat exchange analysis.* Springer-Verlag, In: Heat and Mass Transfer 36 (2000) S. 313-317.
Online verfügbar unter: http://202.38.89.100/link.springer.de/customer/service /journals/00231/papers/0036004/00360313.pdf (Abruf: 09.12.2012)

[12] Donatien Njomo, Michel Daguenet.: *Sensitivity analysis of thermal performances of flat plate solar air heaters.* Springer-Verlag, In: Heat Mass Transfer 42 (2006) S. 1065-1081.
Online verfügbar unter: http://link.springer.com/article/10.1007%2Fs00231-005-0063-9?LI=true (Abruf: 09.12.2012)

[13] Ashish Kumar.: *Mathematical Modeling of Solar Air Heater With Diferent Geometries.* Masterarbeit, Thapar University, Patiala (2009).
Online verfügbar unter: http://dspace.thapar.edu:8080/dspace/handle/10266/1051 (Abruf: 22.11.2012)

[14] John A. Duffie, William A. Beckman.: *Solar Engineering of Thermal Processes.* Second Edition, John Wiley & Sons, New York (1991).

[15] K. S. Ong, C.F. Than.: *A theoretical model of a natural convection solar air heater.* Wissenschaftliche Arbeit, Monash University Malaysia, Petaling Jaya, Malaysia und University Malaya, Kuala Lumpur, Malaysia.
Online verfügbar unter: people.eng.unimelb.edu.au/lua/016.pdf (Abruf: 23.11.2012)

[16] Ahmad Fudholi, Mohd Hafidz Ruslan, Mohd Yusof Othman, Lim Chin Haw, Sohif Mat, Azami Zaharim, Kamaruzzaman Sopian.:
Mathematical Model of Double-Pass Solar Air Collector with Longitudinal Fins.
In: RECENT ADVANCES in FLUID MECHANICS, HEAT & MASS TRANSFER and BIOLOGY, WSEAS Press, ISBN: 978-1-61804-065-7, 9th WSEAS International Conference on HEAT and MASS TRANSFER, 25 - 27.01.2012, Harvard, Cambridge, USA.
Online verfügbar unter: http://www.wseas.us/e-library/conferences/2012 /CambridgeUSA/FLUHMABE/FLUHMABE-17.pdf (Abruf: 23.11.2012)

[17] Elradi A. Musa, K. Sopian, Shahrir Abdullah.: *Heat Transfer Analysis and Pressure Drop Collelations for the Double-Pass Solar Collector with Porous Media.* In: *Journal*

of Energy & Environment Vol. 3 (2004), S. 15 - 24.
Online verfügbar unter: www.buet.ac.bd/ces/elradi-amusa.pdf (Abruf: 09.12.2012)

[18] B. Paul, J. S. Saini.: *Thermohydraulic Performance of Pebble Bed Solar Air Heaters.* In: Proceedings of the International Conference om Mechanical Engineering 2003, ICME2003, 26- 28.12.2003, Dhaka, Bangladesh.
Online verfügbar unter: http://www.buet.ac.bd/me/icme/icme2003/Proceedings /PDF/ICME03-TH-03.pdf (Abruf: 09.12.2012)

[19] David Luna, Yves Jannot, Jean-Pierre Nadeau.: *An oriented-design simplified model for the efficiency of flat plate solar air collector.* In: *Applied Thermal Engineering* Vol. 30 (2010), S. 2808-2814.
Online verfügbar unter: http://www.thermique55.com/principal/Publis/2010-Solar%20Collector%20Model.pdf (Abruf: 09.12.2012)

[20] Mahdi Hedayatizadeh, Yahya Ajabshirchi, Faramarz Sarhaddi, Said Farahat, Ali Safavinejad, Hossein Chaji.: *Analysis of exergy and parametric study of a v-corrugated solar air heater.* In: *Heat Mass Transfer* Vol. 48 (2012) No. 7, S. 1089-1101.
Online verfügbar unter: http://rd.springer.com/article/10.1007/s00231-011-0957-7 (Abruf 23.11.2012)

[21] Yves Jannot, Yézouma Coulibaly.: *Radiative Heat Transver in a Solar Air Heater Coverd with a Plastic Film.* In: *Solar Energy* Vol. 60 (1997) No. 1, S. 34-40.
Online verfügbar unter: http://www.sciencedirect.com/science/article/pii/S0038092 X96001454 (Abruf: 23.11.2012)

[22] Wenfeng Gao, Wenxian Lin, Tao Liu, Chaofeng Xia.: *Analytical and experimental studies on the thermal performance of cross-corrugated and flat-plate solar air heaters.* In: *Applied Energy* Vol. 84 (2007), S. 425-441.
Online verfügbar unter: http://www.sciencedirect.com/science/article/pii/S0306261 906000365 (Abruf: 23.11.2012)

[23] M. K. Gupta, S. C. Kaushik.: *Exergetic performance evaluation and parametric studies of solar air heater.* In: *Energy* (2008), doi:10.1016/j.energy.2008.05.010.
Online verfügbar unter: http://de.scribd.com/doc/76359526/2008-Exergetic-Performance-Evaluation-and-Parametric-Studies-of-Solar-Air-Heater (Abruf: 09.12.2012)

[24] Bashria Abdrub alrasoul Abdallah Yousef, Nor Mariha Adam.: *Performance Analysis for V-Groove Absorber.* In: *Suranaree J. Sci. Technol.* Vol. 14 (2006) No. 1, S. 39-52.
Online verfügbar unter: http://sutir.sut.ac.th:8080/sutir/bitstream/123456789/3637 /1/v14n1p39.pdf (Abruf: 09.12.2012)

[25] Edward K. Summers.: *High Efficiency Solar Air Heaters with Novel Built-in Heat Storage for Use in a Humidification-Dehumidification Desalination Cycle.* Masterarbeit, Massechusetts Institute of Technology, 2010.
Online verfügbar unter: http://dspace.mit.edu/handle/1721.1/61921
(Abruf: 09.12.2012)

[26] Ahmed M. Qenawy, A. A. Mohamad.: *Analysis of High Efficiency Solar Air Heater for Cold Climates.* In: 2nd Canadian Solar Buildings Conference, 10-14.06.2007, Calgary.
Online verfügbar unter: http://www.researchgate.net/publication/228930621_Analysis_of_high_efficiency_solar_air_heater_for_cold_climates
(Abruf: 23.11.2012)

[27] Diran Basmadjian.: *The Art of Modeling in Science and Engineering.* Chapman & Hall/CRC, Boca Raton (1999).

[28] Somchart Soponronnarit, Watcharasak Subannapong, Jirawan Tiansuwan.: *Studies of Bare and Glass-Cover Flat-Plate Solar Air Heaters.* Wissenschaftliche Arbeit, King Mongkut's Institute of Technology Thonburi, Bankok, Thailand.
Online verfügbar unter: http://www.thaiscience.info/Article%20for%20ThaiScience/Article/3/Ts-3%20studies%20of%20bare%20&%20glass-cover%20flat-plate%20solar%20air%20heaters.pdf (Abruf: 09.12.2012)

[29] Piotr Mataszewski, Malgorzata Sawicka.: *Optimization of Solar Air Collectors.* Masterarbeit, Universität Aalborg,Aalborg 2010.
Online verfügbar unter: http://projekter.aau.dk/projekter/en/studentthesis/optimering-af-luftsolfanger%28839ff15e-2a2a-43fe-92a1-e9227338b59e%29.html
(Abruf: 05.12.2012)

[30] C. Budig, J. Orozaliev, O. Kusyy, K. Vajen.: *Methoden zu Identifizierung von Modellparametern.* In: Tagungsbericht 20. Symposium Thermische Solarenergie, OTTI, 05 - 07.05.2010, Bad Staffelstein.
Online verfügbar unter: solar-publikationen.umwelt-uni-kassel.de/uploads/100315_Paper_OTTI_headline.pdf (Abruf: 09.12.2012)

[31] Anjum Khalid.: *Experimental Investigation and Mathematical Modeling of a Low Energy Consuming Hybrid Desiccant Cooling System for the Hot and Humid Areas of Pakistan.* Dissertation, NED University of Engineering & Technology, Pakistan, Karachi 2007. S. 139 - 140.
Online verfügbar unter: http://eprints.hec.gov.pk/3945/1/350S.htm
(Abruf: 03.01.2013)